Prima edizione
ISBN 9791221078718
ISBN-A 10.979.12210/78718

www.gmdssitaly.it
www.gmdssitaly.com
gmdssitaly@gmail.com

Stampato presso:
Amazon.com Inc
Kindle Direct Publishing

Guido Vincenzo Negri

Installazione, Manutenzione, e Risoluzione dei Problemi

La Radio VHF di bordo

Guida operativa, tecnica e pratica per una comunicazione efficace e sicura in mare

Author Publisher

INDICE

Capitolo 4

Guasti reali e soluzioni efficaci

Capitolo 5

Manutenzione intelligente

- SWR o Analizzatori d'Antenna
- Multimetro digitale.
- SWR Meter o VNA (Vector Network Analyzer).
- Pinza crimpatrice professionale.
- Saldatore a stagno.
- Guaina termorestringente e nastro autoagglomerante:
- Lubrificante elettrico (tipo CRC o WD-40 Specialist).
- Analizzatore di spettro portatile (l'utilizzo richiede una conoscenza professionale)

Ringraziamenti

Un vero ringraziamento a tutte le persone che, tramite la propria esperienza personale “a bordo”, hanno fortemente caldeggiato ed incoraggiato la redazione di quest’opera, volta ad un miglioramento concreto della consapevolezza, della sicurezza e dell’efficacia nell’uso delle radiocomunicazioni marittime. È anche grazie ai loro suggerimenti, alle testimonianze dirette, agli episodi vissuti e condivisi, spesso frutto di momenti critici affrontati in mare, che questa guida ha potuto prendere forma in modo realistico, pratico e orientato alle reali esigenze dell’utenza nautica. La loro esperienza è stata fondamentale per tradurre la teoria in soluzioni operative accessibili, affidabili e vicine al vissuto quotidiano di chi naviga. A tutti coloro che hanno creduto in questo progetto, offrendo supporto, confronto e stimoli costruttivi, va la mia più sincera gratitudine.

Un ringraziamento speciale va alla famiglia Marcucci, punto di riferimento imprescindibile in Italia e nel mondo nel settore delle radiocomunicazioni, anche in ambito nautico.

Con profonda gratitudine desidero ricordare il grande Cesare, che purtroppo ci ha lasciati, e rendere omaggio ai figli Mario e Mariapia Marcucci, che con competenza, passione e visione hanno contribuito — e continuano a contribuire tutt’oggi — in modo determinante alla diffusione e all’evoluzione del settore delle radiocomunicazioni nel nostro Paese. Il loro impegno rappresenta un esempio di dedizione, innovazione e servizio, capace di connettere non solo persone e luoghi, ma anche storie, esperienze e culture.

A loro va il mio più sincero grazie, per essere stati fonte di ispirazione e modello di eccellenza.

"Aumentare la sicurezza " a bordo" , è un gesto di grande responsabilità per sé e per gli altri".

“ A mia figlia … la mia vita, il mio cuore “

“ A mia madre … la mia esistenza “

L' Autore

Guido Vincenzo Negri, nato nel 1978, è una figura di rilievo nel panorama tecnico e giuridico italiano, con una consolidata esperienza come Consulente Tecnico d'Ufficio presso il Tribunale Ordinario Civile e Penale di Milano. La sua attività richiede una profonda competenza interdisciplinare, unendo solide conoscenze tecniche a una preparazione giuridica di alto livello, elementi che lo hanno reso un punto di riferimento in consulenze complesse e specialistiche.

Proveniente da una famiglia fortemente legata alla Marina Militare Italiana, la sua eredità valoriale affonda le radici nel servizio al Paese. Il bisnonno, eminente Comandante di navi militari, fu insignito di riconoscimenti ed encomi da parte di Re Vittorio Emanuele III, distinguendosi durante i conflitti bellici più duri della storia italiana. Questo profondo legame con il mare e il senso dello Stato ha contribuito a plasmare la vocazione di Guido Vincenzo Negri per la navigazione, le arti marinaresche e le radiocomunicazioni.

Nel corso della sua carriera, ha ricoperto ruoli di leadership e comando nel volontariato, in particolare all'interno della Guardia Costiera Ausiliaria (GCA) Lombardia, dove è stato Ispettore e Presidente Regionale, operando per anni nella prevenzione e sicurezza delle acque interne. Ha guidato il Centro Operativo del Sebino (Lago d'Iseo) come Comandante e Capo

Centro, collaborando attivamente con le autorità e le forze dell'ordine. Ha inoltre contribuito alla formazione delle unità operative anche sul Lago di Como, rafforzando la rete di sicurezza nei bacini lacustri lombardi.

Guido Vincenzo Negri è da anni riconosciuto come formatore e docente specializzato in radiocomunicazioni nautiche, in particolare nei sistemi VHF e GMDSS (Global Maritime Distress and Safety System), tenendo corsi in Italia e all'estero per la preparazione di personale qualificato. È anche istruttore per patenti nautiche entro e oltre le 12 miglia, collaborando con centri professionali e importanti marchi della nautica, a cui fornisce aggiornamenti tecnici e normativi.

Nel campo della sicurezza marittima ha prestato supporto anche alla Società Nazionale di Salvamento, contribuendo alla formazione di bagnini di salvataggio sia in piscina sia in mare. Parallelamente, è attivo da molti anni come radioamatore autorizzato (ex Ministero delle Comunicazioni, oggi MIMIT), con nominativo ufficiale, operando anche come sperimentatore radioelettronico. In questo ambito si dedica all'autocostruzione di antenne, filtri RF, circuiti di protezione e apparati radio, con un approccio tecnico-pratico alla ricerca e all'innovazione nella comunicazione.

Alla sua intensa attività operativa si affianca una produzione editoriale specializzata, con articoli tecnici e normativi pubblicati su riviste autorevoli del settore nautico, come Il Gommone e la Nautica per Tutti e Nautica, consolidando la sua reputazione anche come divulgatore esperto.

La carriera di Guido Vincenzo Negri rappresenta una sintesi virtuosa di tradizione, competenza tecnica e impegno formativo. Il suo contributo nella diffusione delle radiocomunicazioni nautiche e nella promozione della sicurezza in mare lo rende una figura di riferimento nel settore, sia in ambito nazionale che internazionale.

Prefazione

A chi serve davvero questa guida

Questa guida nasce per chi naviga, per passione o per professione, e sa che una radio VHF non è un semplice accessorio elettronico, ma uno **strumento vitale** per la sicurezza, la comunicazione e, in casi estremi, la sopravvivenza. Che si tratti di un diportista esperto, di un comandante di unità da lavoro, di un istruttore nautico o di un appassionato alle prime armi, questo manuale è pensato per chi desidera **capire davvero** come funziona il proprio impianto radio e come mantenerlo sempre **efficiente e affidabile**.

Non è una guida teorica o scolastica. Qui troverai **esperienza applicata**, soluzioni concrete, problemi reali affrontati in mare o in cantiere, e risposte pratiche a domande che troppo spesso rimangono senza soluzione: *"Perché non riesco a trasmettere oltre un miglio?"*, *"Come mai ricevo tutto ovattato?"*, *"Cosa significa avere un'impedenza alta?"*

Se sei il tipo di navigante che ama controllare personalmente i cablaggi, che ha già avuto a che fare con connettori ossidati o che ha sentito parlare di SWR ma non ha mai saputo bene come misurarlo… allora sei nel posto giusto.

L'importanza dell'installazione corretta: casi reali di fallimenti critici

Un'installazione sbagliata, superficiale o semplicemente "frettolosa" può trasformare una radio VHF perfettamente funzionante in un oggetto inutile. In mare, questo può fare la differenza tra ricevere aiuto in tempo e restare isolati. In questi anni ho incontrato decine di casi in cui **l'impianto sembrava funzionare**... ma solo finché non serviva davvero:

- Un cavo coassiale piegato male durante il montaggio aveva creato una **perdita di potenza in trasmissione del 70%**.
- Un'antenna montata sul flybridge con un supporto inox non isolato causava **riflessioni di segnale** e perdita d'impedenza.
- Un connettore crimpato senza schermatura corretta generava **interferenze con l'autopilota**.
- Un'imbarcazione riceveva perfettamente, ma non trasmetteva: **il problema era un ossido invisibile nel PL-259**.

Questi non sono errori da laboratorio: sono problemi comuni, spesso causati da mancanza di conoscenza o di attenzione ai dettagli. E spesso, purtroppo, si scoprono solo **quando è troppo tardi**.

Come usare al meglio questo manuale

Questa guida è organizzata per seguire un **percorso logico e operativo**: dalla comprensione dell'impianto, all'installazione corretta, alla diagnostica, alla manutenzione e infine all'uso consapevole della radio. Può essere letta dall'inizio alla fine, ma anche **consultata per casi specifici**, come un manuale da officina. Troverai:

- Schemi semplificati e spiegazioni chiare
- Tabelle diagnostiche e checklist operative
- Casi reali e soluzioni passo-passo
- Glossario e strumenti consigliati
- Approfondimenti tecnici senza eccessivo gergo

Il mio obiettivo non è solo aiutarti a **risolvere problemi**, ma anche a **prevenirli**. Una radio installata bene, con una buona antenna e cavi integri, non solo ti garantirà comunicazioni chiare e sicure, ma ti eviterà **guasti costosi** e **rischi inutili**.

Buona lettura, buon lavoro… e buon mare. *Guido*

Capitolo 1 – Capire il sistema: Anatomia di un VHF di bordo

Comprendere come funziona davvero una radio VHF e come interagiscono i suoi componenti è il primo passo per garantirne il funzionamento ottimale. Una trasmissione debole, una ricezione disturbata o un'antenna inefficiente non sono quasi mai problemi della radio stessa, ma sintomi di un **impianto mal configurato, ossidato, o progettato male**.

Componenti essenziali e loro ruolo operativo

Un impianto VHF da barca è molto più di un semplice apparato. È un sistema integrato composto da elementi che devono lavorare in sinergia, e dove **anche una sola criticità può compromettere tutto**. Ecco i principali componenti:

- **1. L'apparato radio VHF**
  Il cuore del sistema. Emissione fino a 25 watt, trasmissione in banda marina (156–162 MHz). Può essere fisso (alimentazione 12V) o portatile. Nei modelli moderni spesso integrato con DSC (Digital Selective Calling), GPS e NMEA.
- **2. Il microfono (o cornetta)**
  Non è un accessorio banale. I cavi possono spezzarsi, i contatti ossidarsi. La qualità audio dipende anche dal suo stato e dalla schermatura interna.

- **3. Il cavo coassiale (solitamente RG-58, RG-213, o simili)**
  Trasporta l'energia radio dalla radio all'antenna. Deve essere **ben dimensionato, corto il più possibile (per questioni di dispersione del segnale se non schermato a sufficienza), ben crimpato e protetto da umidità e UV**. La scelta sbagliata o una piega stretta può causare **perdite superiori al 50%** del segnale.
- **4. I connettori (tipicamente PL-259 o N-type)**
  Spesso sono trascurati. Devono essere **stagni, ben crimpati/saldati, e schermati**. Anche una lieve ossidazione può alzare drasticamente l'impedenza e causare rifles-sione di segnale (che ritorna alla radio anziché finire in antenna).
- **5. L'antenna VHF (1, 2.4, 3 o 6 dB di guadagno)**
  È la parte più critica. Altezza, guadagno, posizionamento e isolamento dal metallo circostante influenzano la copertura e direzionalità. Un'antenna da 3 dB è spesso la scelta ideale su barche a vela, mentre su motoscafi o plance alte si può salire a 6 dB.
- **6. L'alimentazione elettrica**
  Un radio VHF fissa richiede un collegamento diretto e sicuro alla batteria, protetto da fusibile. **Le cadute di tensione sotto i 12V causano trasmissioni deboli e blocchi audio**. Attenzione anche alle interferenze RF

(Radio Frequenza) da motori, inverter o luci LED economiche, che creano notevoli disturbi.

Panoramica dei problemi più comuni in barca

Anche su barche ben tenute, le problematiche più frequenti riguardano **l'efficienza del sistema**, spesso sottovalutata. Alcuni esempi pratici:

- **Alta impedenza e ROS elevato**
  Segnale riflesso, potenza persa. Spesso causato da **connettori ossidati, cavi danneggiati o antenne difettose**.
- **Segnale debole in trasmissione**
  Colpa di un'antenna mal posizionata, di un **guadagno inadeguato**, oppure di un cavo troppo lungo o degradato.
- **Ricezione disturbata o intermittente**
  Può derivare da **interferenze RF**, da problemi di massa elettrica o da contatti instabili nel microfono.
- **Radio "muta" dopo qualche minuto**
  Sintomo classico di **surriscaldamento o caduta di tensione**. Verificare cavi, fusibili e alimentazione diretta alla batteria.

- **Antenna montata su supporto metallico senza isolante**

  Il segnale si riflette o si attenua: si genera **una falsa massa** o si induce corrente sullo scafo.

Tipi di impianti: vela, motore, pesca, professionale

Ogni tipo di barca ha esigenze specifiche. Capire le differenze è essenziale per evitare errori progettuali.

- **Barca a vela**

  L'albero offre un eccellente punto alto per l'antenna, ma i lunghi tratti di cavo (fino a 20-25 m) richiedono **coassiali a bassa perdita (es. RG-213)**. Le vibrazioni e l'ambiente salino richiedono **crimpature e sigillature perfette**.

- **Barca a motore da diporto**

  Antenna spesso montata su rollbar o flybridge. Attenzione al guadagno: sopra i 3 dB, l'onda è più piatta e meno adatta a onde e beccheggi. **Installazione rigida e visibilità 360°** sono requisiti base.

- **Imbarcazioni da pesca (piccole e medie)**

  Spesso hanno antenne pieghevoli o mal isolate. Frequenti le ossidazioni da contatto con spruzzi e sangue di pesce. **Cura nell'impermeabilizzazione dei**

connettori e uso di guaina termo restringente sono obbligatori.

- **Unità professionali (rimorchiatori, pilotine, barche da lavoro)**
  Sistemi VHF spesso ridondanti. Uso di **antenne ad alto guadagno, linee d'antenna coassiali professionali (es. LMR-400)** e installazione certificata. La manutenzione periodica è parte delle procedure operative.

In sintesi

Capire davvero il sistema radio di bordo significa **andare oltre il semplice apparato**: ogni componente ha un ruolo specifico e la loro efficienza dipende dalla **qualità dell'installazione, dalla manutenzione e da un po' di consapevolezza tecnica**. Questo capitolo ha l'obiettivo di darti una mappa chiara dell'impianto e dei suoi punti critici.

Nei prossimi capitoli entreremo nel dettaglio dell'**installazione corretta**, della **scelta dei materiali**, della **diagnostica con strumenti** e della **manutenzione predittiva**, per darti tutti gli strumenti per far funzionare la tua VHF *quando davvero serve.*

Capitolo 2 – Installazione pratica: errori da evitare e soluzioni

Installare una radio VHF di bordo non significa semplicemente "collegarla e accenderla". Una cattiva installazione può annullare tutta la potenza trasmessa, rendere la ricezione instabile o addirittura danneggiare l'apparato. In questo capitolo analizzeremo i punti critici, gli errori più comuni e le soluzioni adottabili in barca, sempre con un occhio ai **casi reali** e alla **durabilità dell'impianto**.

Dove montare la radio: problemi di calore, umidità, interferenze

Il primo errore che si fa è **scegliere il punto "comodo" invece di quello corretto**. La radio deve essere accessibile, visibile, e protetta. Ma soprattutto:

- **Lontano da fonti di calore diretto** (vicino a motori, inverter, stufe): le VHF soffrono il calore costante, che può ridurre la durata dei componenti interni.
- **Evitare ambienti chiusi senza ventilazione**: un vano chiuso può raggiungere facilmente i 50–60°C.
- **Umidità e condensa**: non montare mai la radio vicino ad aperture, passacavi o pozzetti senza tenuta. Nei casi critici, utilizza box stagni o sfiati a membrana.

- **Interferenze elettromagnetiche (EMI)**: tieni la radio lontana da inverter, alimentatori switching, lampade LED economiche, radar e centraline elettroniche. Questi dispositivi generano **disturbi di banda** che si riflettono sulla ricezione.

Soluzione pratica: montare la radio vicino al posto di comando, su superficie rigida e ventilata, con un passaggio cavi separato da linee AC o elettroniche.

Cablaggio elettrico corretto: sezioni, protezioni, alimentazione dedicata

Un altro errore frequente è alimentare la VHF dalla stessa linea di una pompa, una luce, o una presa ausiliaria.

- **Serve una linea diretta da batteria, con fusibile dedicato**, preferibilmente con cavi da 1,5 mm² per tratte corte (<3 m), e 2,5 mm² per tratte più lunghe.
- La tensione non deve mai scendere sotto **11,5V durante la trasmissione a 25W**, altrimenti la potenza emessa crolla e il microfono può bloccarsi.
- Non usare interruttori economici: col tempo si ossidano e introducono resistenza.
- Proteggere con **fusibile a lama o automatico** il più vicino possibile alla batteria.

Caso reale: su una barca da pesca, una VHF trasmetteva a soli 5W a causa di una linea condivisa con le luci di coperta. La tensione crollava ogni volta che accendevano un faro.

Collegamenti NMEA e GPS: attenzione ai loop di massa

Le radio moderne integrano il DSC e richiedono il collegamento al GPS via NMEA0183 o NMEA2000. Questo può introdurre **loop di massa**, cioè ritorni di corrente imprevisti che generano disturbi o messaggi errati.

- Collegare **il negativo solo in un punto**: mai "unire masse" tra apparati diversi senza verificare gli schemi.
- Usare cavi schermati per NMEA0183 e connettere la calza solo da un lato.
- In caso di rumore audio o errori DSC, **verificare la separazione galvanica o utilizzare isolatori ottici o convertitori NMEA con massa isolata**.

Errore frequente: collegare la VHF al GPS e al plotter via NMEA0183 senza seguire le polarità corrette e senza isolare le masse. Risultato: trasmissioni errate e GPS che va in errore durante la ricezione.

Scelta dell'antenna e posizionamento: casi pratici

Il posizionamento dell'antenna fa la differenza tra essere sentiti a **5 miglia o a 20**. Non conta solo l'altezza, ma anche il tipo di barca e l'ambiente circostante.

- **Barca a vela**: antenna in testa d'albero = massimo raggio, ma richiede cavo di qualità (tipo LMR-400 o RG-213) e connettori stagni. Evitare RG-58 oltre i 10 metri.
- **Motore con flybridge**: montare l'antenna più in alto possibile, su base rigida, libera a 360° da ostacoli. Antenne da 6 dB danno copertura lontana, ma soffrono il rollio.
- **Barca open o da pesca**: meglio antenne corte, robuste, da 3 dB, montate su staffe pieghevoli ma ben isolate dal metallo.
- **Supporti**: evitare supporti zincati o inox nudo. Inserire una base isolante per evitare perdite per "massa falsa".

Errore comune: antenna montata su rollbar metallico senza guarnizione isolante = ROS (Rapporto di Onde Stazionarie, cioè ritorno alla radio di radiofrequenza) altissimo, trasmissioni inefficaci.

Passaggio e protezione dei cavi: soluzioni contro pieghe, salsedine, vibrazioni

Il cavo coassiale è il collegamento vitale tra la radio e l'antenna. Eppure è spesso installato in modo superficiale.

- **Nessuna curva sotto i 5 cm di raggio** (soprattutto su RG-213 o LMR), altrimenti si altera l'impedenza di 50 Ohm necessaria.
- Proteggere sempre i passaggi esterni con **guaina corrugata UV resistente o tubo marino flessibile**.
- Sigillare ogni entrata con **mastice butilico e fascette in acciaio inox**.
- Evitare passaggi vicino a prese d'aria, sentine, pozzetti o zone con ristagni salini.
- Non usare mai morsetti in metallo diretto sul coassiale, perché fa "accoppiamento elettrico", alterando il valore dell'impedenza caratteristica (50 Ohm).

Soluzione duratura: passaggio interno con tratto finale protetto, goccia di grasso dielettrico (cioè che fa da isolante elettricamente) su ogni giunzione, e fascette con rivestimento in gomma.

Connettori: stagnatura, crimpatura o saldatura?

I Pro e i contro

I connettori sono la parte più debole dell'impianto. È lì che nascono ossidazione, disconnessioni e riflessioni di segnale.

Tre approcci comuni:

- **Crimpatura (professionale)**

  ✔ Veloce, pulita, resistente a vibrazioni

  ! Richiede pinza di precisione, connettori di qualità

- **Saldatura**

  ✔ Connessione stabile, elettricamente perfetta

  ! Sensibile al calore, rischi su cavi coassiali sottili, poco adatta a condizioni di movimento

- **Stagnatura a mano + serraggio**

  ✔ Soluzione intermedia, facile da eseguire

  ! Non sempre stabile nel tempo senza protezione esterna

Protezione consigliata: nastro auto agglomerante, guaina termo restringente a doppio strato, grasso dielettrico sul filetto, e verifiche annuali.

🔧 BOX PRATICO 1

Test rapido della tensione reale sotto carico

Problema: la radio si spegne o trasmette male quando si preme il PTT.

Come fare:

1. Accendi la radio.
2. Premi il PTT su un canale libero (es. CH 69) tenendo premuto per 5–6 secondi.
3. Misura con un tester la tensione ai morsetti posteriori della VHF durante la trasmissione.
4. Se scende **sotto 11,5V**, il cablaggio è inadeguato.

Soluzione: rifai la linea diretta da batteria con sezione maggiore e protezione dedicata.

⚠️ BOX PRATICO 2

Come evitare loop di massa nei collegamenti NMEA

Errore frequente: collegare i negativi di radio, GPS e plotter tra loro senza isolamento.

Sintomi:

- Rumore in ricezione
- Messaggi DSC corrotti o non inviati
- Errori NMEA sul plotter

Soluzione:

- Usa un **isolatore NMEA attivo** o interfacce opto isolate.
- Collega la calza del cavo schermato **solo dal lato della sorgente dati (GPS)**.
- Non "unire i neri" se non previsto dal costruttore.

🛠 BOX PRATICO 3

Come fare un buon connettore PL-259 stagno

Materiale:

- Connettore PL-259 (Teflon consigliato)
- Guaina termo restringente a doppio strato
- Nastro auto agglomerante
- Grassetto dielettrico

Procedura:

1. Crimpa o salda il connettore sul coassiale.
2. Copri il raccordo con guaina termo restringente.
3. Applica uno strato sottile di grasso dielettrico sul filetto.
4. Avvolgi con nastro auto agglomerante.
5. Blocca il tutto con fascetta in acciaio inox (rivestita, se su superficie metallica).

🌀 BOX PRATICO 4

Diagnosi rapida: ROS alto e trasmissione scarsa

Sintomi:

- L'interlocutore ti sente male anche a 1 miglio
- Il microfono si scalda
- Si riceve ma non si riesce a farsi sentire

Check-list:

- Verifica se l'antenna è montata **a contatto con metallo** → isola la base
- Controlla lo stato del **cavo coassiale**: pieghe, morsetti, macchie verdi = segnale degradato
- Usa un **ROS-metro** in linea (anche portatile) e misura la riflessione
- Sostituisci temporaneamente l'antenna con una nuova per confrontare

---

📦 BOX PRATICO 5

Kit ideale per un'installazione VHF duratura

Contenuto consigliato:

- Cavo coassiale LMR-400 o RG-213 (non RG-58 oltre 10 m)

- Connettori PL-259 a crimpare + guaina termo-restringente
- Nastro autoagglomerante e grasso dielettrico
- Fascette inox rivestite
- Cavo alimentazione 2x2,5 mm² + fusibile da 5A
- Supporto antenna isolato
- Tester multimetro + pinza amperometrica
- ROS-metro (opzionale, ma utilissimo e consigliatissimo)

Capitolo 3 – Diagnostica e prestazioni: come sapere se tutto funziona bene

Una radio VHF installata correttamente non basta: per garantire sicurezza in navigazione, serve anche verificarne periodicamente l'efficienza. Un sistema che "sembra funzionare" può in realtà avere prestazioni degradate, causando trasmissioni deboli o ricezioni erratiche proprio nei momenti più critici. In questo capitolo vedremo come testare la VHF, l'antenna e il cablaggio in modo semplice ma affidabile, anche senza strumenti da laboratorio.

Come testare la VHF in modo semplice ma affidabile

Il test base più immediato consiste in una **trasmissione controllata su un canale libero (es. CH 72 o 77)** a distanza nota, verso una seconda radio VHF portatile o fissa. Questo metodo empirico consente di rilevare problemi evidenti come:

- Segnale basso in ricezione (da parte del ricevente)
- Modulazione debole o disturbata
- Interruzione durante la trasmissione (dovuta a cali di tensione o ROS alto)

Tuttavia, per una verifica più seria è opportuno controllare parametri fisici e connettività RF.

Misurare l’impedenza reale e rilevare disadattamenti

La VHF marittima lavora a **50 ohm**: antenne, cavi e connettori devono mantenere questa impedenza. Qualsiasi variazione porta a un **disadattamento**, cioè a riflessioni del segnale (onde stazionarie) che riducono la potenza irradiata.

Il modo più pratico per rilevarlo è usare un **analizzatore di antenna** portatile (es. NanoVNA o RigExpert), collegandolo all'estremità del cavo coassiale al posto della radio:

- Misura l’impedenza a 156 MHz: deve essere prossima a 50 ohm (±10%)
- Valori anomali (es. 20Ω o 100Ω) indicano un problema: antenna, connettori o cavo

Anche l’**SWR (Standing Wave Ratio)**, o ROS (Rapporto di Onde Stazionarie) in italiano, permette di diagnosticare il disadattamento.

L’uso corretto dello SWR Meter e dell’analizzatore di antenna

Lo SWR meter si collega **tra la radio e l’antenna**, e misura quanta potenza torna indietro perché non irradiata.

- ROS ideale: 1:1 (perfetto), accettabile fino a 1.5:1
- ROS sopra 2:1 indica un problema serio
- ROS > 3:1 può danneggiare la radio (molti apparati riducono la potenza in automatico, per autoprotezione)

L'analizzatore d'antenna, rispetto allo SWR meter, fornisce:

- Impedenza complessa ($Z = R + jX$)
- Frequenza di risonanza reale
- Lunghezza elettrica del cavo (funziona anche per localizzare interruzioni)

Diagnosi di cavo danneggiato o ossidato

Il cavo coassiale può sembrare integro esternamente, ma al suo interno possono esserci:

- **Ossidazioni** dovute a infiltrazioni saline
- **Micro-pieghe** o rotture del conduttore centrale
- **Cattiva crimpatura o stagnatura** dei connettori

Sintomi tipici:

- ROS (o SWR) improvvisamente alto
- Segnale intermittente
- Surriscaldamento in trasmissione

Soluzione: scollegare l'antenna, cortocircuitare il centrale e la calza all'estremità lontana, e misurare continuità e resistenza con un multimetro. Un valore > 1 ohm sul centrale è indice di ossido o rottura.

Sintomi e cause di una trasmissione debole o ricezione scadente

Sintomo	Possibili cause
Voce debole o distorta	Microfono difettoso, alimentazione instabile
Ricezione solo a breve distanza	Antenna schermata, ossidata, mal posizionata, ROS alto
Nessun segnale ricevuto	Antenna scollegata, connettore rotto, radio guasta
Si sente ma non si viene sentiti	ROS alto, potenza TX ridotta, cavo difettoso
Segnale intermittente	Falso contatto, interferenze da impianti elettrici

Ogni volta che si presenta uno di questi problemi, è importante **procedere per esclusione**, iniziando dalla radio, passando ai cavi, connettori e infine l'antenna.

Come rilevare un falso contatto o una perdita di potenza RF in un cavo coassiale

I **falsi contatti** sono una delle principali cause di malfunzionamenti. Per individuarli:

1. **Oscilla leggermente i cavi e i connettori** durante la trasmissione: se il segnale va e viene, c'è gioco meccanico.
2. **Ispeziona le saldature e le crimpature** con lente e torcia.

3. Usa un **tester RF** se disponibile, oppure controlla la continuità (cavo + PL-259) e l'assenza di corti tra centrale (polo caldo - positivo) e calza (polo freddo-negativo).

Se la potenza in trasmissione risulta inferiore al dichiarato, è probabile:

- Un ROS alto che attiva la **protezione automatica della radio (diminuzione drastica della potenza in uscita per evitare di avere importanti riflessioni di radio freqenza)**
- Una **caduta di tensione sul positivo**, causata da cavi sottodimensionati o ossidati

🔧 BOX PRATICO 1

Test rapido della VHF in navigazione

Obiettivo: Verificare la trasmissione e ricezione in condizioni reali.

Occorrente: Un'altra radio VHF a bordo di un secondo natante o portatile a bordo.

Procedura:

1. Scegli un canale non utilizzato (es. CH 72).
2. Effettua una trasmissione vocale a intervalli di distanza crescenti: 100 m, 1 NM, 5 NM.
3. Registra l'intelligibilità della voce e la forza del segnale percepita.
4. Prova anche la ricezione da parte tua.
5. Se oltre 1 NM il segnale è già debole → sospetto problema d'antenna o ROS alto.

🛠 BOX PRATICO 2 – Misurare l'SWR (ROS)

Obiettivo: Controllare l'adattamento d'impedenza tra radio e antenna.

Occorrente: ROS/SWR meter marino
(es. Shakespeare ART-3).

Come fare:

1. Inserisci il ROS meter **tra radio e antenna**.

2. Trasmetti per 2-3 secondi su un canale libero (es. CH 69).
3. Leggi il valore SWR:
    - 1.0–1.5: Ottimo
    - 1.5–2.0: Accettabile, ma da monitorare
    - 2.0: Indice di problema

⚠️ **Attenzione:** Mai trasmettere a lungo con ROS > 2.5: potresti danneggiare la radio.

🧰 SCHEDA OPERATIVA

Rilevare un cavo coassiale compromesso

Sintomi che lo suggeriscono:

- La ricezione si riduce con l'umidità.
- Il ROS sale progressivamente col tempo.
- Il cavo è vecchio di oltre 7 anni.

Test da eseguire:

- Misura continuità tra centrale e calza → **deve essere interrotta**
- Misura continuità tra estremità centrale ↔ centrale → **<1 Ohm**
- Se usi un analizzatore: controlla che **non vi siano salti bruschi d'impedenza** lungo la lunghezza elettrica.

Azioni correttive:

- Taglia 30–50 cm e rifai i connettori.
- Se il problema persiste, sostituisci tutto il cavo.

📡 BOX PRATICO 3 – Diagnosi differenziale: trasmette ma non riceve (o viceversa)

Funziona	Non funziona	Possibile causa
TX	RX	Antenna scollegata o parzialmente ossidata
RX	TX	ROS alto, potenza ridotta automaticamente
Nessuna	Nessuna	Alimentazione instabile o radio guasta
Intermittente	Intermittente	Connettore ossidato o vibrazioni

🔍 **Suggerimento:** Controlla **il LED di TX** (se presente) e **verifica tensione alla radio** mentre trasmetti: non deve scendere sotto i 12 V.

⚙️ SCHEDA OPERATIVA

Check di un'installazione dopo l'inverno

Cosa controllare:

- Integrità visiva di PL-259 e cavo coassiale
- Test SWR su CH 16 e CH 68 (controllo a più frequenze)
- Verifica presenza di acqua nel supporto antenna o nel passacavo
- Prova trasmissione a 1 NM verso una barca amica

📌 **Buona pratica:** Ogni primavera, annota i valori SWR.

Se cambiano nel tempo → agisci prima che il guasto diventi critico.

✅ Checklist di Manutenzione Periodica VHF e Sistema Antenna

Voce da Controllare	Frequenza	Come Verificare	OK / Note
Stato generale della radio	Stagionale	Ispezione visiva, accensione, test TX/RX	
Connessioni alimentazione (ossido, gioco, corrosione)	Stagionale	Smonta e ispeziona terminali, stringi morsetti	
Tensione sotto carico durante trasmissione	Stagionale	Misura col tester (non < 12V) durante trasmissione	
Stato del connettore antenna (PL-259 o N-Type)	Stagionale	Controlla corrosione, serraggio, gioco	

Voce da Controllare	Frequenza	Come Verificare	OK / Note
Stato del cavo coassiale	Biennale	Ispezione visiva, eventuale misura impedenza	
Valore SWR/ROS su CH 16 e CH 68	Stagionale	Misura con ROS meter: valore < 2.0	
Prova di comunicazione reale (1–5 NM)	Stagionale	Testa con altra barca su canale libero	
Stato supporto antenna (ruggine, crepe, gioco)	Stagionale	Verifica manuale e visiva	
Pulizia e sigillatura passacavi	Annuale	Controllo tenuta, presenza di salsedine o acqua	
Verifica aggiornamento firmware radio (se DSC)	Biennale	Consulta manuale, verifica tramite PC/USB se previsto	

Suggerimenti di utilizzo:

- Spunta ogni voce ad inizio stagione.
- Aggiungi note sulle variazioni di prestazione.
- Conserva una copia a bordo e una in officina/casa.

Capitolo 4 – Guasti reali e soluzioni efficaci

In mare, la teoria spesso si scontra con le condizioni reali. Questo capitolo raccoglie situazioni autentiche di malfunzionamento riscontrate su imbarcazioni da diporto, da lavoro e da pesca. Ogni caso è accompagnato da una diagnosi concreta, spiegazione tecnica del problema e procedure risolutive passo-passo.

Caso 1: Alta impedenza e SWR fuori norma

Sintomi: Basso rendimento in trasmissione, ritorno RF verso l'apparato, surriscaldamento del connettore antenna, ROS (SWR) > 2.5.

Cause comuni:

- Cavo coassiale troppo lungo o danneggiato.
- Antenna danneggiata, ossidata o non compatibile con VHF marino (impedenza $\neq 50\ \Omega$).
- Connettori crimpati male o non stagni.

Soluzione passo-passo:

1. Misura con un SWR meter su canale 16 e 68.
2. Verifica continuità centrale e calza del cavo.
3. Ispeziona i connettori (ossido, pieghe, gioco).
4. Prova con cavo e antenna di test noti per escludere problemi sull'apparato.

5. Se necessario, accorcia il cavo a lunghezza ottimale e sostituisci i connettori con nuovi, stagni e ben crimpati o saldati.

Caso 2: Nessuna trasmissione, ma alimentazione presente

Sintomi: La radio si accende, ma nessuno riceve i messaggi trasmessi. Nessun segnale RF in uscita.

Cause:

- Cavo d'antenna interrotto o corto circuito sulla calza.
- Falso contatto nel microfono (TX non commutato).
- Interruttore TX rotto, specialmente nei microfoni palmari esterni.
- Radio in modalità "interno-altoparlante" disattivata erroneamente.

Soluzione passo-passo:

1. Verifica il corretto passaggio in TX (indicatore sul display o LED).
2. Testa continuità dei fili microfonici.
3. Misura tensione su terminali TX durante pressione PTT.
4. Sostituisci temporaneamente il microfono per esclusione.
5. Controlla alimentazione su cavi radio (assorbimento reale durante TX).

Caso 3: Ricezione disturbata o silenziosa

Sintomi: Non si sentono altre imbarcazioni, o il segnale è molto debole/distorto.

Possibili cause:

- Antenna non polarizzata correttamente o inclinata (soprattutto su flybridge).
- Interferenze RF da impianti vicini (es. AIS, inverter, radar).
- Falsi contatti su presa altoparlante o microfono.
- Impianto mal schermato, con ingressi di RF spurie.

Soluzione passo-passo:

1. Prova ricezione con squelch minimo e sensibilità al massimo.
2. Sposta temporaneamente l'antenna lontano da altre apparecchiature.
3. Ispeziona le masse e i loop di terra.
4. Verifica connettore antenna e la calza per possibili discontinuità.
5. Usa un'antenna portatile o da test per escludere interferenze esterne.

Caso 4: Antenna montata male o con riflessioni parassite

Sintomi: ROS fluttuante, segnali incoerenti, calo prestazioni in movimento.

Cause:

- Antenna montata vicino a oggetti metallici o superfici riflettenti (boma, sartie, rollbar).
- Messa a massa su struttura metallica senza isolamento.

Soluzione passo-passo:

1. Ispeziona il posizionamento fisico dell'antenna rispetto ad altri oggetti.
2. Prova temporaneamente a spostarla più in alto o lateralmente.
3. Verifica se le prestazioni migliorano con barca ferma e rotazione del natante.
4. Applica anelli di ferrite sul cavo in caso di RF di ritorno.
5. Riposiziona definitivamente in zona libera da ostacoli metallici a 360°.

Caso 5: Rottura del cavo coassiale o schermatura inefficace

Sintomi: Perdite di potenza, trasmissione intermittente, rumori di fondo anomali.

Diagnosi:

- Cavo lesionato da pieghe secche, salsedine o vibrazioni.
- Schermatura lacerata o interrotta (soprattutto nei passaggi stretti).

Soluzione passo-passo:

1. Ispezione visiva dell'intero tratto di cavo.

2. Misura continuità e resistenza con tester.
3. Usa un analizzatore di antenna per rilevare perdite.
4. Sostituisci il tratto danneggiato con cavo di qualità nautica (RG-213 o equivalente).
5. Fissa i passaggi con protezioni antivibrazione e guaine anti-UV.

Caso 6: Ossidazione dei connettori e perdita di segnale

Sintomi: Prestazioni gradualmente peggiorate nel tempo, ROS aumentato, rumore di fondo crescente.

Cause:

- Esposizione alla salsedine, connettori non protetti.
- Stagnature mal eseguite, umidità entrata nella calza.

Soluzione passo-passo:

1. Rimuovi connettori, pulisci con alcool isopropilico.
2. Rifai i terminali con crimpatura professionale o saldatura pulita.
3. Applica guaina termo-restringente con gel isolante o nastro autovulcanizzante.
4. In futuro, programma un controllo visivo ogni 6 mesi in ambienti marini severi.

Caso 7: Differenze di prestazione tra barca ferma e in movimento

Sintomi: Buona comunicazione in porto, segnale debole o assente in navigazione.

Cause:

- Effetti dinamici su connessioni (vibrazioni, movimenti della struttura).
- Loop di massa attivati solo in movimento.
- Antenna installata su elemento soggetto a flessione (es. palo pieghevole).

Soluzione passo-passo:

1. Verifica tutti i fissaggi e serraggi con barca in moto.
2. Controlla se il supporto antenna si sposta o vibra ad alta velocità.
3. Inserisci giunti flessibili o supporti antivibrazione.
4. Rifai i collegamenti sensibili con capicorda a crimpare e doppio serraggio.
5. Se necessario, riposiziona l'antenna su un punto fisso e rigido.

Ogni caso di guasto è un'opportunità per imparare qualcosa in più sull'affidabilità dell'impianto. L'approccio deve essere sempre sistematico: identificare il sintomo, isolare la causa, intervenire con metodo e testare con strumenti adeguati. Una barca con un sistema VHF ben diagnosticato e manutenuto è una barca più sicura, più efficiente e pronta a comunicare in ogni condizione.

BOX SINTETICO DEI CASI SOPRA CONSIDERATI

🔧 Guasti reali e soluzioni rapide

Caso 1 – Alta impedenza / SWR fuori norma

Sintomi: ROS > 2.5, segnale debole, calore sul cavo

Cause: Antenna disadattata o cavo danneggiato

Test: Misura SWR, ispezione visiva cavo e connettori

Soluzione: Verifica antenna compatibile 50Ω, sostituisci cavo o rifai connettori

---

Caso 2 – Nessuna trasmissione ma radio accesa

Sintomi: Nessuna modulazione in uscita

Cause: Problema PTT o guasto interno

Test: Microfono di ricambio, test pin PTT

Soluzione: Cambia microfono, controlla continuità cablaggio

Caso 3 – Ricezione disturbata o assente

Sintomi: Rumori, silenzio anche su canali attivi

Cause: Interferenze, antenna difettosa

Test: Prova ricezione su barca vicina, prova antenna esterna

Soluzione: Isola fonti EMI, verifica integrità antenna

Caso 4 – Riflessioni e disturbi intermittenti

Sintomi: SWR variabile, trasmissione instabile

Cause: Antenna mal posizionata, vicina a metallo o ostacoli

Test: Misure SWR con barca in rotazione

Soluzione: Sposta antenna su supporto libero e alto

Caso 5 – Rottura cavo o schermatura inefficace

Sintomi: Trasmissione instabile, ROS variabile

Cause: Piega secca, vibrazioni, corrosione

Test: Misura continuità, prova con cavo volante

Soluzione: Cambia cavo, proteggi i passaggi con guaina e supporti

---

Caso 6 – Ossidazione connettori

Sintomi: Calo graduale prestazioni, rumore RF

Cause: Umidità, salinità, connettori scoperti

Test: Ispezione, prova con cavo nuovo

Soluzione: Pulizia, nuova crimpatura, sigilla con nastro autoagglomerante o resina

---

Caso 7 – Differenze barca ferma/in movimento

Sintomi: Funziona da ferma, peggiora in moto

Cause: Vibrazioni, antenna mobile o disallineata

Test: Prova in navigazione, verifica meccanica

Soluzione: Rafforza fissaggi, controlla verticalità antenna

Capitolo 5 – Manutenzione intelligente

Una radio VHF installata correttamente può funzionare per anni senza problemi. Ma anche il miglior impianto, se trascurato, è soggetto a degrado. Polvere, salsedine, vibrazioni, raggi UV, umidità e sbalzi termici mettono a dura prova ogni componente, specialmente in ambiente marino. La manutenzione non è un'opzione: è ciò che distingue un impianto affidabile da uno che si guasta quando serve di più.

Piano di manutenzione annuale, stagionale e post-temporale

Una strategia efficace si basa su tre momenti distinti:

- **Annuale (invernaggio):**
  - Rimuovere la radio se possibile e conservarla in luogo asciutto.
  - Controllare connettori, terminali, cavi e protezioni.
  - Misurare la continuità del cavo coassiale e le condizioni dei supporti antenna.
  - Pulire accuratamente l'antenna e verificarne l'integrità strutturale.

- **Stagionale (prima della stagione):**
    - Verificare alimentazione e accensione radio.
    - Misurare lo SWR con strumento affidabile (non fidarti del solo ROS basso).
    - Controllare che il PTT funzioni e che la trasmissione sia pulita.
    - Re-ispezionare i fissaggi dell'antenna e i supporti antivibranti.
- **Dopo temporali o mare agitato:**
    - Controllare eventuali infiltrazioni o pieghe nei cavi.
    - Aprire i connettori (se accessibili) e verificare presenza di umidità.
    - Testare la trasmissione e la ricezione su canale 16 o 72.
    - Assicurarsi che l'antenna non si sia disallineata o piegata.

Come proteggere l'impianto da salsedine, UV e vibrazioni

L'ambiente marino è altamente corrosivo. La salsedine aggredisce anche i metalli protetti, e i raggi UV indeboliscono plastiche, rivestimenti e guaine. Per contrastare questi effetti:

- Utilizza **connettori marini** (tipo PL o N) con guarnizioni interne e protezione in silicone o resina.
- Applica **nastro auto agglomerante** per sigillare i giunti coassiali.
- Evita fissaggi rigidi: preferisci **supporti antivibranti** con sistema di smorzamento (gomma, neoprene).
- Se l'antenna è installata su albero (vela), verifica ogni stagione che i fissaggi non abbiano gioco.
- Proteggi la radio stessa da calore e sole diretto: installala in vano ventilato, lontano da vetrate.

Pulizia dei connettori e controllo visivo dell'antenna

La manutenzione visiva spesso è più efficace di mille strumenti, se si sa cosa cercare:

- **Connettori**: se appaiono opachi, con presenza di sali o polveri bianche, è presente ossido. Rimuoverlo con spazzolino a setole morbide e alcol isopropilico. Non usare carta vetrata.
- **Cavi**: verifica che le guaine non siano secche o screpolate. Una guaina rovinata lascia penetrare umidità nella treccia di schermatura.
- **Antenna**: se è in vetroresina, controlla che non vi siano crepe, bolle o ingiallimento estremo. Per le antenne

rigide metalliche, verifica l'assenza di corrosione galvanica e la tenuta meccanica.

Rimozione dell'ossido e ripristino dei terminali danneggiati

Ossidazione e corrosione vanno trattate tempestivamente. Le operazioni consigliate:

1. **Staccare alimentazione** e smontare connettori sospetti.
2. **Pulire i contatti** con spray disossidante (tipo DeoxIT) o alcol isopropilico.
3. Se il terminale è danneggiato (rame annerito, spellatura usurata), **tagliare e rifare** la terminazione.
4. Per connessioni coassiali: **mai saldare direttamente il centrale** al posto del pin. Usa sempre connettori professionali e crimpatura di qualità.
5. Dopo il ripristino, **sigilla tutto** con nastro butilico o guaina termo restringente con collante.

Cosa tenere a bordo come kit di emergenza VHF

Un piccolo kit di bordo può salvare una traversata. Ecco cosa dovrebbe contenere:

- VHF portatile carico con batteria di scorta
- Cavo coassiale RG-58 da 2 m pre-crimpato

- 2 connettori PL-259 in ottone nichelato
- Nastro auto agglomerante (butilico o silicone)
- Spray disossidante/contatti elettrici
- Piccolo multimetro o tester di continuità
- Chiave fissa per connettori, cacciavite, taglierino
- Schema dell'impianto VHF della propria barca (copia plastificata)

✅ Piano di Manutenzione Stagionale – VHF di Bordo

1. **Accensione e trasmissione**

   ➤ Verifica che la radio si accenda correttamente e trasmetta su un canale libero.

   ➤ Esito: LED TX attivo, risposta da altra VHF.

2. **Controllo microfono/PTT**

   ➤ Premi e rilascia il pulsante PTT; verifica che non ci siano interruzioni o fruscii.

   ➤ Esito: audio stabile e chiaro.

3. **Test SWR (Standing Wave Ratio)**

   ➤ Collega un misuratore SWR tra radio e antenna.

   ➤ Esito: valore ≤ 1.8 su canali 16 e 6. Se > 2, verifica cavi e connettori.

4. **Ispezione cavo coassiale**

   ➤ Controlla lungo tutta la lunghezza per pieghe, abrasioni, tagli o indurimenti.

   ➤ Esito: cavo flessibile e privo di danni.

5. **Pulizia connettori**

   ➤ Apri i connettori (se accessibili), pulisci con spray per contatti e asciuga.

   ➤ Esito: nessuna ossidazione, serraggio solido.

6. **Controllo antenna**

   ➤ Verifica stabilità meccanica e posizione corretta.

   ➤ Esito: fissa, dritta, senza movimenti anomali.

7. **Prova ricezione**

   ➤ Ascolta canali attivi (meteo, 16) per testare sensibilità.

   ➤ Esito: audio chiaro, senza fruscii continui.

8. **Pulizia apparato**

   ➤ Pulisci la radio con panno morbido leggermente umido.

   ➤ Esito: pannello leggibile, tasti reattivi.

6. Ottimizzare il sistema: piccoli interventi, grandi risultati

Migliorare la portata senza aumentare la potenza

La portata della radio VHF non dipende tanto dalla potenza di trasmissione, che è già fissata a 25 watt per i modelli fissi, quanto dalla geometria del sistema, in particolare dall'altezza e dall'efficienza dell'antenna.

Per aumentare la distanza utile di comunicazione, il primo intervento è il posizionamento dell'antenna nel punto più elevato possibile e libero da ostacoli. Su una barca a vela, ciò significa la cima dell'albero. Su una barca a motore, è ideale installarla sul flybridge o su un supporto rialzato sopra la cabina.

Un'altra ottimizzazione importante riguarda l'integrità del percorso del segnale. I cavi coassiali non devono essere troppo lunghi, e devono essere di tipo a bassa perdita. Anche un solo dB di attenuazione nel cavo equivale a una riduzione del 20% circa dell'energia trasmessa. Per lunghezze superiori agli 8–10 metri, usare cavi come **Ecoflex 10, H2000 Flex** o **RG-213**, evitando l'uso di RG-58 che è molto più dispersivo.

Infine, è fondamentale controllare periodicamente con uno strumento (es. analizzatore d'antenna o wattmetro) che l'SWR sia nella norma (< 2:1). Un disadattamento comporta perdita di potenza utile e potenziali danni alla radio.

Aumentare la qualità audio in trasmissione

Un audio di bassa qualità può rendere il messaggio incomprensibile anche se il segnale è forte. Spesso i problemi sono dovuti a microfoni usurati, spinotti danneggiati o interferenze a bassa frequenza.

È utile verificare il funzionamento del **PTT (Push To Talk)** e l'integrità del cavo del microfono, spesso sottoposto a torsioni. Pulire i contatti del microfono con spray per elettronica può migliorare significativamente l'audio.

Molte VHF moderne permettono anche la regolazione dell'audio TX tramite menu nascosti o parametri interni: un intervento da effettuare solo se si ha dimestichezza o con l'assistenza di un tecnico.

Se il vostro impianto è dotato di altoparlanti esterni o interfaccia con intercom, attenzione alla qualità dei cablaggi e alle interferenze da altre sorgenti elettriche (inverter, relè, pompe).

Antenne ad alto guadagno: quando hanno senso e quando no

Le antenne ad alto guadagno (tipicamente 6–9 dB) concentrano l'energia in un lobo stretto sul piano orizzontale, aumentando la portata tra due imbarcazioni a distanza, ma possono causare problemi se l'imbarcazione si muove molto verticalmente (beccheggio e rollio).

Per barche a vela, una **antenna da 3 dB** è più indicata: ha un lobo più ampio che consente una comunicazione più stabile durante l'inclinazione dell'albero.

Per barche a motore stabili, specie se impiegate in navigazione costiera o professionale, un'antenna da 6 o 9 dB può aumentare l'efficienza in condizioni di mare calmo. Tuttavia, bisogna evitare che venga installata troppo bassa, altrimenti si rischia una copertura "a macchia di leopardo" nelle vicinanze.

Cavi a bassa perdita: scelta e posizionamento ottimali

I cavi coassiali sono il cuore nascosto del sistema: una cattiva scelta o una posa scorretta può dimezzare l'efficienza anche con una buona antenna.

Usare **cavi schermati a doppia treccia o con rivestimento in rame stagnato**, e proteggerli da curve strette, schiacciamenti e passaggi troppo vicini a fonti di calore.

Evita passaggi paralleli e ravvicinati a cavi 12/24V, motori, inverter o centraline elettroniche. L'effetto capacitivo o induttivo può creare disturbi. Dove possibile, utilizza passacavi stagni, corrugati plastici e fascette morbide.

Filtri, disaccoppiatori e schermature contro disturbi elettrici

In ambienti complessi come le barche moderne, il rumore elettrico è un nemico subdolo. Interferenze da alternatori, inverter, pompe, relè e impianti di bordo possono influenzare la ricezione o disturbare la trasmissione.

Installare **filtri EMI/RFI**, usare **disaccoppiatori RF** o **anelli di ferrite** sulle linee di alimentazione può ridurre sensibilmente questi problemi. Anche il cablaggio a stella, con masse ben separate, aiuta a prevenire loop di massa.

Se si rilevano interferenze continue su alcuni canali o bande, può essere utile usare uno scanner di spettro (se disponibile) o isolare i carichi durante il funzionamento della radio per individuare la fonte.

7. Uso corretto della radio VHF

Chiamate standard e linguaggio radio

L'utilizzo efficace della radio VHF dipende tanto dalla qualità dell'impianto quanto dalla competenza dell'operatore. Una buona comunicazione in mare richiede concisione, chiarezza e rispetto delle procedure standard.

Frasi troppo lunghe, uso di termini ambigui o linguaggio colloquiale riducono l'efficacia operativa della comunicazione.

Il linguaggio radio prevede espressioni codificate, come **"cambio"** (termino e attendo risposta), **"chiudo"** (termino la comunicazione), **"ripeto"**, **"ricevuto"**, ecc.

Le chiamate standard devono sempre seguire la struttura **"Da... a..."**, ripetuta due volte se il segnale è debole. Ad esempio: *"Panarea Panarea Panarea, da Veliero Alcyon, Veliero Alcyon, Veliero Alcyon, cambio."*

Evitare conversazioni superflue o private sui canali di lavoro. I canali 16 e 70 devono essere sempre lasciati liberi per chiamate e allarmi. Una volta stabilito il contatto, è corretto spostarsi su un canale di lavoro (es. 06, 08, 72, 77) per continuare.

Procedure in emergenza: test, esercitazioni, verifica periodica

Ogni unità dotata di VHF DSC deve eseguire periodicamente test delle funzioni di emergenza. Non si tratta solo di premere il tasto rosso, ma di simulare realisticamente scenari critici, ovviamente **senza trasmettere falsi allarmi reali**.

Le esercitazioni includono:

- Verifica dell'identificativo MMSI e dell'antenna GPS collegata.
- Simulazione di una chiamata di soccorso vocale: conoscere bene il formato **"MAYDAY"** (ripetuto 3 volte), **nome dell'imbarcazione**, **posizione**, **natura dell'emergenza**, **numero di persone a bordo**, **richiesta specifica**.
- Simulazione di chiamata DSC in modalità "test" verso altra unità nota o verso una stazione costiera compatibile.

Eseguire queste simulazioni **a motore spento**, senza interferenze da bordo, e annotare i risultati in un **registro tecnico** può fare la differenza in situazioni reali.

Come testare correttamente il DSC

La funzione DSC (Digital Selective Calling) permette invii digitali automatici di chiamate, inclusi allarmi di soccorso. Ma un VHF DSC è efficace solo se:

- Il GPS è correttamente connesso e trasmette la posizione.
- L'MMSI è programmato e verificato.
- L'antenna è efficiente e lo strumento registra una buona SWR.

Il test del DSC si esegue attraverso la **funzione di autotest** (presente in molti modelli), oppure inviando una chiamata DSC **di prova (routine)** verso un altro VHF amico o una stazione costiera predisposta (es. Guardia Costiera in alcune zone).

Il test verifica che l'apparato sia in grado di inviare e ricevere correttamente segnali DSC. In mancanza di risposta, si deve controllare lo stato della connessione GPS e i parametri interni (livello del segnale, tensione di alimentazione, etc.).

Simulare guasti in sicurezza per addestramento

Una delle pratiche più efficaci per migliorare la prontezza dell'equipaggio è la simulazione controllata di guasti. Ovviamente, ogni test deve essere pianificato, sicuro e **completamente interno all'unità**, evitando ogni trasmissione reale di emergenza.

Esempi di esercitazioni utili:

- **Guasto del microfono:** simulare una rottura e obbligare l'equipaggio a usare una radio portatile di backup o una chiamata DSC.
- **Assenza GPS:** scollegare temporaneamente il GPS per vedere se l'operatore si accorge dell'assenza di posizione trasmessa.
- **Perdita di alimentazione:** togliere la tensione al VHF fisso e verificare se l'equipaggio sa dove si trova il portatile, se è carico e pronto.
- **Chiamata falsa da parte del comandante:** in simulazione, chiedere un messaggio d'allarme vocale completo, esatto e nei tempi previsti.

Tenere un **registro di bordo** delle esercitazioni con data, scenario simulato e risultati consente di mantenere un buon livello di preparazione e identificare punti deboli da correggere.

8. Norme, licenze e legalità

Licenza RTF e MMSI

L'uso di una radio VHF a bordo non è una semplice scelta tecnica, ma un atto regolamentato dalla legge. Ogni apparato VHF fisso (con o senza DSC) richiede una **licenza di esercizio RTF (Radiotelefonica)**, rilasciata in Italia dal **Ministero delle Imprese e del Made in Italy – Direzione Generale per i Servizi di Comunicazione Elettronica**.

La licenza RTF è intestata all'imbarcazione e riporta i dati dell'apparato, il tipo di installazione e il nominativo internazionale. Se l'apparato è dotato di DSC, la licenza include anche l'**MMSI (Maritime Mobile Service Identity)**, un codice numerico univoco necessario per le chiamate digitali e per l'identificazione nei sistemi GMDSS.

Senza la licenza RTF e senza l'MMSI correttamente assegnato e programmato, l'apparato **non è legalmente operativo**, e la trasmissione può comportare **sanzioni amministrative** o, in caso di emergenza simulata, **conseguenze penali**.

Obblighi GMDSS, anche per le unità non SOLAS

Il **GMDSS (Global Maritime Distress and Safety System)** è un insieme internazionale di regole e tecnologie per garantire le comunicazioni di emergenza in mare. Anche se concepito per le navi mercantili coperte dalla convenzione SOLAS, alcuni requisiti si estendono anche alla **navigazione da diporto** o **non commerciale**.

Per esempio, in acque internazionali o oltre le 12 miglia dalla costa, molte autorità richiedono:

- **Radio VHF con DSC** obbligatoria.
- Presenza di **GPS integrato** nel sistema.
- Apparati certificati **MED (Marine Equipment Directive)**.
- Presenza di una **EPIRB** e/o **radio di riserva portatile** per imbarcazioni oltre una certa lunghezza.□

Anche in assenza di obbligo normativo diretto, l'adozione volontaria di questi standard **è fortemente raccomandata**, specie in navigazioni d'altura, per garantire compatibilità con i protocolli internazionali di soccorso.

Requisiti di installazione e certificazione

Un VHF marino deve essere **omologato CE**, rispondere alla normativa ETSI EN 301 025 o successive, e installato **secondo le linee guida del costruttore**, con attenzione ai punti di alimentazione, cablaggio, messa a terra e protezione contro sovratensioni.

L'installazione dell'apparato VHF deve essere dichiarata nell'ambito della **dichiarazione di conformità dell'impianto di bordo**, che include anche gli apparati radar, AIS, GPS,

EPIRB, quando presenti. Alcune Capitanerie richiedono che l'installazione sia effettuata o certificata da un tecnico autorizzato.

Nel caso di nuove imbarcazioni o modifiche significative all'impianto radioelettrico, può essere necessaria una nuova **ispezione tecnica** o l'aggiornamento della documentazione presso gli uffici marittimi competenti.

Verifiche da parte delle autorità marittime

Le autorità marittime italiane (Capitanerie di Porto, Guardia Costiera) e internazionali hanno il diritto di effettuare **verifiche a bordo** riguardo la presenza, l'efficienza e la legalità degli apparati radio.

Durante i controlli, possono essere richiesti:

- Copia della **licenza RTF** aggiornata.
- Prova del corretto **funzionamento del DSC** (con evidenza di MMSI).
- Presenza del **manuale operativo** dell'apparato.
- Certificazioni di omologazione e conformità.

In caso di **mancanza della documentazione** o di uso non conforme dell'apparato (es. frequenze non autorizzate, chiamate improprie, assenza di identificativo), le sanzioni possono includere:

- Multe amministrative.
- Sequestro dell'apparato.
- Divieto di navigazione fino a regolarizzazione.

Anche le imbarcazioni battenti bandiera estera sono soggette a verifiche in acque italiane, e viceversa. Avere un impianto **completo, documentato e funzionante**, non solo garantisce la legalità, ma tutela l'equipaggio e facilita i soccorsi.

✅ Riquadro riassuntivo - Norme, licenze e legalità VHF

Voce	Contenuto essenziale
Licenza RTF	Obbligatoria per tutti gli apparati RTX (trasmittenti oltre che riceventi). Rilasciata dal MIMIT. Include dati dell'apparato (marca e modello), numero seriale, potenza nominativo internazionale o indicativo di chiamata.
MMSI	Richiesto per apparati DSC, EPIRB, AIS. Identificativo digitale univoco. Da richiedere insieme alla licenza.
GMDSS	Obblighi minimi anche per diportisti: VHF DSC, GPS integrato, apparati certificati. Fortemente consigliato in navigazioni d'altura.
Installazione	Apparati CE, conformi ETSI. Messa a terra, cavi protetti, posizionamento corretto. Meglio se certificata da tecnico.
Certificazioni	Documenti obbligatori: licenza RTF, MMSI, manuale, dichiarazione di conformità, certificato di omologazione.
Verifiche	Controlli da parte delle autorità: documenti, funzionamento, corretto uso. Rischio sanzioni o sequestro in caso di irregolarità.

Appendici

Tabelle diagnostiche:

problema → causa → soluzione

Problema	Possibile causa	Soluzione consigliata
Nessuna trasmissione	Alimentazione assente, fusibile bruciato, PTT guasto	Verifica con multimetro, sostituisci fusibile, controlla il microfono
Ricezione molto debole	Antenna danneggiata, disadattamento di impedenza, cablaggio	Controlla antenna con analizzatore, misura SWR, sostituisci i cavi se deteriorati
SWR alto	Connettori ossidati, antenna mal tarata, cavo troppo lungo	Pulizia/stagnatura connettori, analisi dell'antenna con VNA, uso di cavi a bassa perdita
Segnale intermittente	Vibrazioni, falso contatto, alimentazione instabile	Ricontrollo terminali, crimpare correttamente, alimentazione su linea dedicata
Disturbi in ricezione	Interferenze da elettronica di bordo	Isolare con filtri, usare disaccoppiatori RF, schermare cavi e connessioni
VHF non si accende	Cablaggio errato, interruttore difettoso	Verifica alimentazione, sezionatore, ripristino circuito o sostituzione pulsante

Strumenti consigliati per l'installazione e la manutenzione

Un impianto VHF affidabile si realizza anche con gli strumenti giusti. Di seguito una selezione ragionata degli strumenti fondamentali:

- **Multimetro digitale**: per testare tensioni, continuità e verificare la presenza di alimentazione.
- **SWR Meter o VNA (Vector Network Analyzer)**: essenziale per valutare l'adattamento dell'antenna.
- **Pinza crimpatrice professionale**: per realizzare connessioni solide e affidabili.
- **Saldatore a stagno con punta fine**: utile per riparazioni delicate o stagnatura dei terminali.
- **Guaina termo restringente e nastro auto agglomerante**: indispensabili per sigillare e proteggere le giunzioni.
- **Lubrificante elettrico (tipo CRC o WD-40 Specialist)**: per prevenire ossidazioni su connettori e contatti.
- **Analizzatore di spettro portatile (facoltativo)**: per chi desidera valutare l'ambiente RF e le interferenze.

Guida all'uso dell'SWR Meter e dell'analizzatore di antenna

SWR Meter: utilizzo corretto

1. **Collegare correttamente**: tra uscita VHF e antenna, inserire il misuratore.
2. **Trasmettere a potenza ridotta** (1W): per misurazioni sicure.
3. **Regolare il calibro (SET)**, poi passare alla modalità **REFLECTED**.
4. **Leggere il valore SWR**:
    - **< 1.5** → Ottimo
    - **1.5 – 2.0** → Accettabile
    - **> 2.0** → Serve intervento (verifica antenna o cavi)

Analizzatore di antenna (VNA o antenna analyzer)

- Visualizza impedenza reale, risonanza e ritorni di potenza.
- Identifica i punti in cui l'antenna lavora meglio nel range 156–162 MHz.
- Permette di valutare l'intero sistema: cavo, antenna, connettori.

🔧 PRO TIP: se il sistema mostra una buona impedenza ma un alto SWR, il problema è spesso **localizzato a monte** (es. connettori, cablaggio).

Checklist pre-navigazione per la radio

Questa lista è pensata per essere utilizzata **prima di ogni uscita**, anche per barche private:

- ✅ La radio si accende regolarmente
- ✅ Il volume e lo squelch funzionano correttamente
- ✅ L'antenna è ben fissata e non presenta giochi meccanici
- ✅ I cavi coassiali non sono piegati o ossidati
- ✅ Prova di trasmissione su canale di servizio (es. 72 77) con altra unità
- ✅ SWR sotto controllo (< 2:1)
- ✅ Posizione GPS aggiornata nel DSC
- ✅ MMSI configurato correttamente
- ✅ Canale 16 monitorato
- ✅ Nessuna interferenza da altri apparati (verificare eco/plotter/UPS)
- ✅ Kit VHF d'emergenza a bordo

Glossario tecnico per diportisti

Termine	Definizione dettagliata
VHF (Very High Frequency)	Radio che opera nella banda 156–162 MHz, fondamentale per le comunicazioni marine. È utilizzata per chiamate nave-nave, nave-costa, emergenze e informazioni portuali. La portata dipende dall'altezza dell'antenna e può variare da 5 a 30 miglia nautiche. L'uso corretto del VHF è regolato da normative internazionali e richiede formazione e licenza.
SWR (Standing Wave Ratio)	Indice del disadattamento tra trasmettitore e antenna. Un valore SWR alto significa che parte del segnale viene riflesso verso il trasmettitore, riducendo l'efficienza e rischiando danni. Misurare e ottimizzare l'SWR è cruciale in fase di installazione e verifica periodica dell'impianto.

Termine	Definizione dettagliata
DSC **(Digital Selective Calling)**	Funzione digitale del VHF che permette di inviare e ricevere messaggi selettivi, incluso il segnale **Distress** automatico. Ogni chiamata DSC contiene l'MMSI, il tipo di messaggio (urgente, sicurezza, routine) e, se collegato a un GPS, anche la posizione dell'imbarcazione. È la base del moderno sistema GMDSS.
MMSI **(Maritime Mobile Service Identity)**	Numero di 9 cifre univoco assegnato a ogni stazione radio marittima. È l'equivalente radio del numero di targa: identifica il mittente di un messaggio DSC. Deve essere programmato correttamente nel VHF per garantire la tracciabilità durante le comunicazioni, specialmente in emergenza.
Impedenza	È la resistenza "combinata" (elettrica e reattiva) che un dispositivo offre al passaggio del segnale RF. Per i sistemi VHF marini, lo standard è **50 Ohm**. L'impedenza deve essere compatibile lungo tutta la linea:

Termine	Definizione dettagliata
	(radio → cavo → antenna) per minimizzare perdite e riflessioni di segnale.
Crimpatura	Metodo di fissaggio dei connettori ai cavi coassiali mediante pressione meccanica. Una crimpatura ben fatta è stabile, resistente a vibrazioni e umidità, e garantisce ottimo contatto elettrico. È preferibile alla saldatura in ambienti marini perché più veloce e sicura.
Salsedine	Residuo salino che si deposita su superfici esposte al mare. È altamente corrosivo e può compromettere connessioni elettriche e parti metalliche. Una corretta manutenzione include la pulizia regolare con acqua dolce e l'uso di spray protettivi per contatti elettrici.
Analizzatore d'antenna (VNA o antenna analyzer)	Strumento avanzato che misura impedenza, SWR, risonanza e perdite del sistema. A differenza dello SWR meter tradizionale, fornisce un'analisi completa della linea RF, permettendo di identificare problemi nascosti,

Termine	Definizione dettagliata
	come connettori ossidati o lunghezze di cavo sbagliate.
Cablaggio	Insieme dei cavi coassiali, alimentazione e segnale che collegano la radio, l'antenna e i dispositivi ausiliari (es. GPS, altoparlanti esterni). Deve essere protetto, ordinato e dimensionato correttamente. Un cattivo cablaggio è tra le cause più comuni di guasti VHF.
Loop di massa (Ground loop)	Fenomeno elettrico causato dalla presenza di più punti di massa collegati tra loro, generando potenziali differenze e disturbi. Può introdurre rumori nella ricezione, far scattare protezioni o danneggiare componenti elettronici. È prevenibile con accorgimenti nel progetto dell'impianto elettrico.
Antenna ad alto guadagno	Antenna progettata per concentrare il segnale su un piano orizzontale più stretto, aumentando la portata. Tuttavia, su imbarcazioni in movimento, un guadagno eccessivo può ridurre la qualità della

Termine	Definizione dettagliata
	trasmissione in presenza di rollio e beccheggio. Serve equilibrio nella scelta.
Cavo coassiale a bassa perdita	Cavo schermato progettato per minimizzare la perdita di segnale RF. I più utilizzati in ambito nautico sono l'RG-213 o LMR-400. Va scelto in base alla lunghezza del tratto tra radio e antenna, privilegiando bassa attenuazione, resistenza alla salsedine e flessibilità.
Filtro passa-banda / notch filter	Dispositivi che eliminano frequenze indesiderate o interferenze (es. da radar, motori, inverter). I filtri ben posizionati migliorano la qualità della ricezione e proteggono il ricevitore da segnali dannosi. Possono essere installati in serie al cavo coassiale o sull'alimentazione.
Canale 16	Canale internazionale di emergenza e chiamata (156.800 MHz). Deve essere sempre monitorato durante la navigazione, salvo uso momentaneo di altri canali. Qualsiasi comunicazione non urgente deve essere

Termine	Definizione dettagliata
	immediatamente spostata su un canale di lavoro.
GMDSS **(Global Maritime Distress and Safety System)**	Sistema globale per garantire la sicurezza in mare, attraverso comunicazioni digitali (DSC), radiolocalizzazione SART, EPIRB, AIS, ricezione delle Maritime Safety Information NAVTEX, sistema RMSS (Sistema Satellitare Mobile Riconosciuto) INMARSAT, IRIDIUM, COSPAS-SARSAT e altro. Il suo utilizzo aumenta la sicurezza in modo significativo a bordo delle unità nautiche.

Immagini illustrative per argomento

(Le immagini sotto riportate sono solo a scopo esemplificativo per l'argomento di interesse. Tali immagini sono state volutamente poste alla fine della presente guida/manuale al fine di non interrompere l'attenzione del lettore durante la lettura).

- **La radio VHF fissa con DSC**

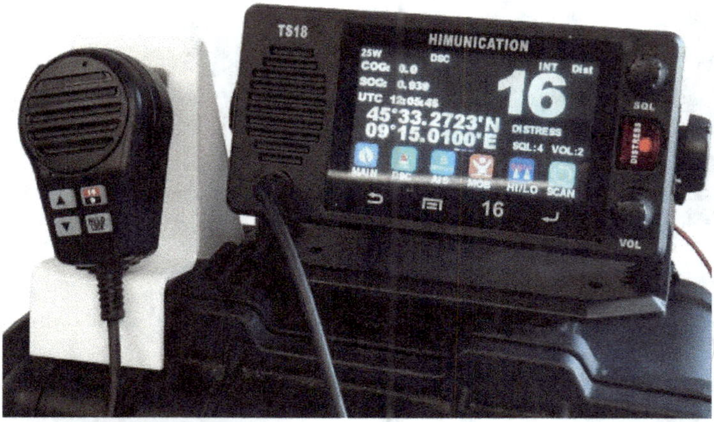

- **La radio VHF portatile con DSC**

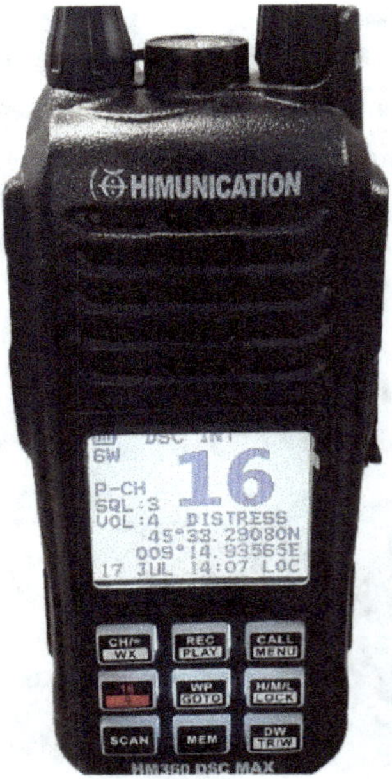

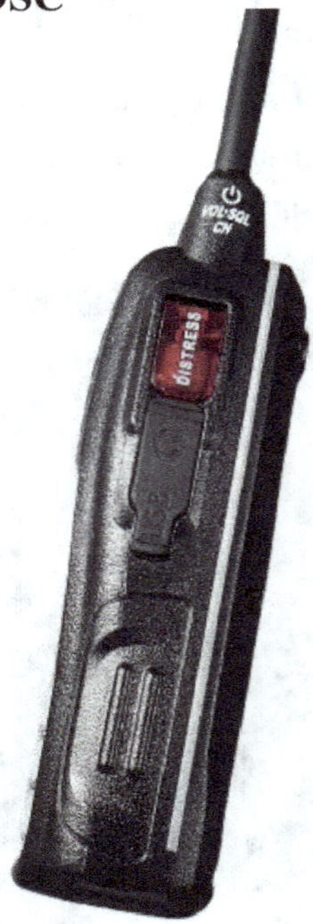

- **Connettori**

PL-239
(x cavo RG 213)

BNC
(x cavo RG58)

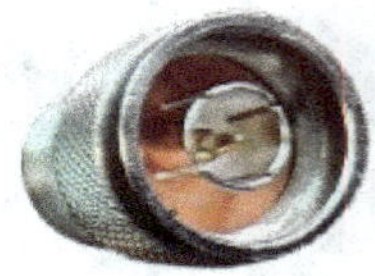

N
(x cavo RG 213)

PL-239
(x cavo RG 213)

PL-239
(x cavo RG58)

N
(x cavo RG 213)

- **Cavi coassiali (50 ohm di impedenza – alcuni esempi)**

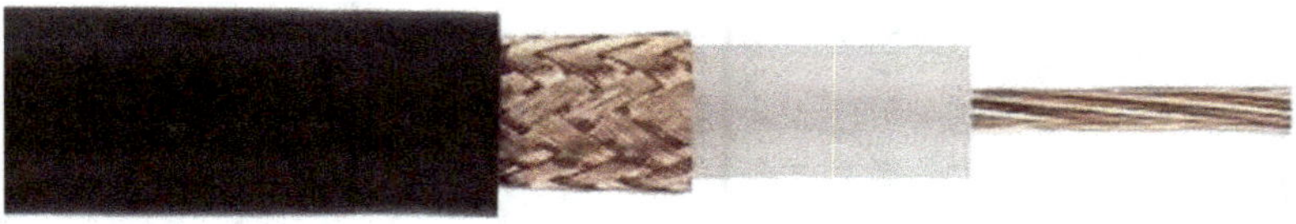

RG 213 (diametro 10,3 mm - abbastanza rigido)

RG 58 (diametro 4,95 mm – molto flessibile)

H1000 (diametro 10,3 mm – abbastanza rigido – doppia schermatura)

Caratteristica	RG-58	RG-213	H1000 (Belden H1000C1 / H1000 PE)
Attenuazione @ ~156 MHz	~4,7 dB/100 ft → ~15,4 dB/100 m	~2,8 dB/100 ft → ~9,2 dB/100 m	~5,7 dB/100 m a 200 MHz → stimati ~5,6 dB/100 m a 156 MHz
Raggio di curvatura minimo	~1× diametro ≈ 1 × 4.9 mm → ≈ 5 mm	~2 × diametro ≈ 2 × 10.3 mm → ≈ 20 mm	Specificato: **100 mm** (≈ 10× diametro)

- **Antenne nautiche**

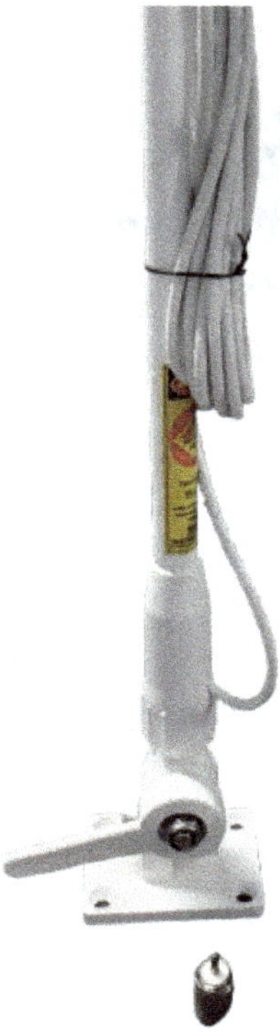

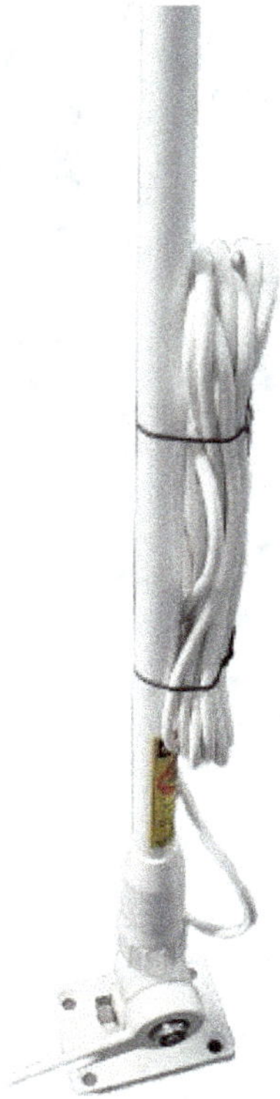

- **SWR o Analizzatori d'Antenna**

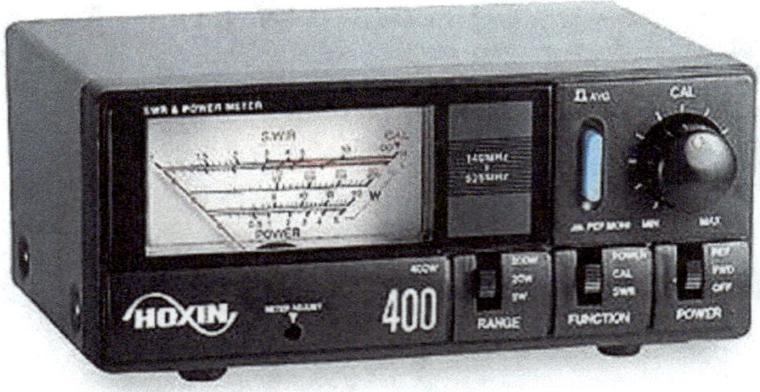

- **Multimetro digitale.**

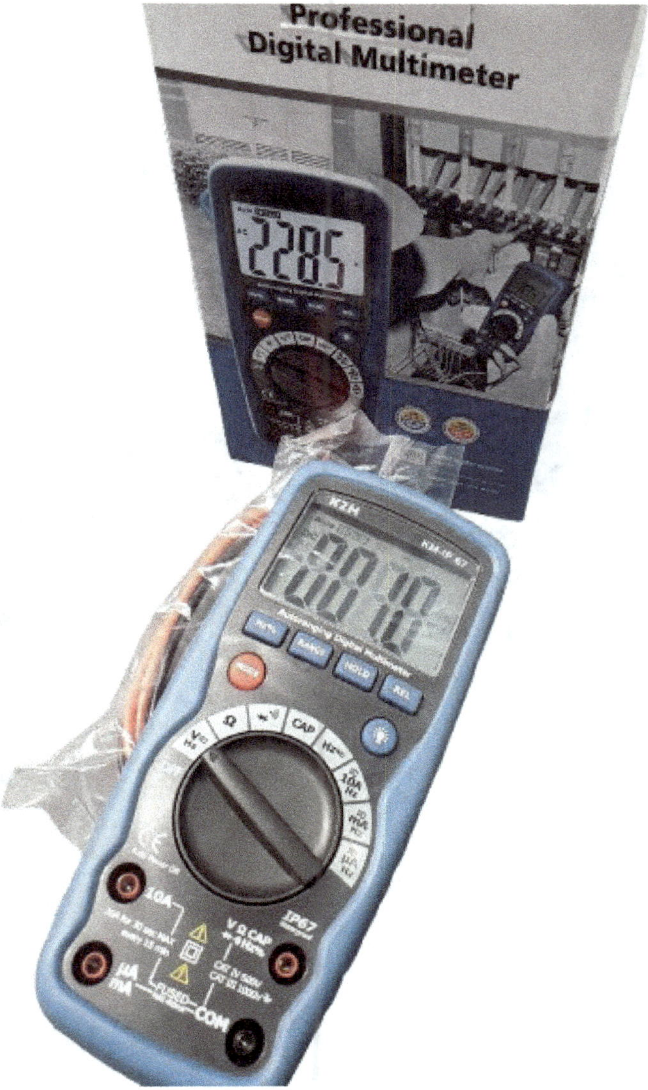

K2M
Mod. KM-TBC 2 PLUS
Auto
TRUE RMS
4000Counts
FUNC
DIGITAL MULTIMETER SMART
CAT III 600V
COM
INPUT

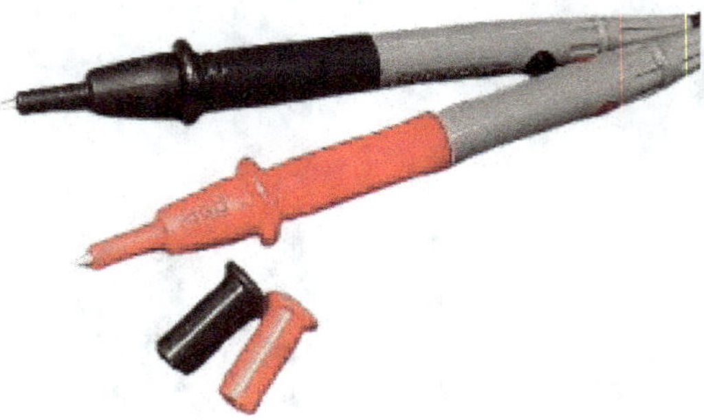

- **Pinza crimpatrice professionale.**

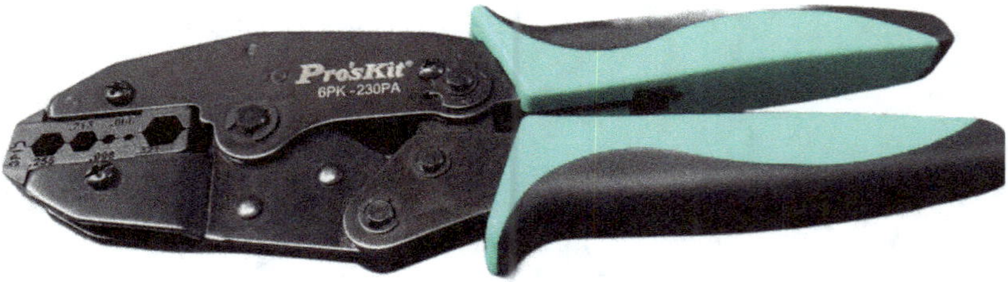

- **Saldatore a stagno.**

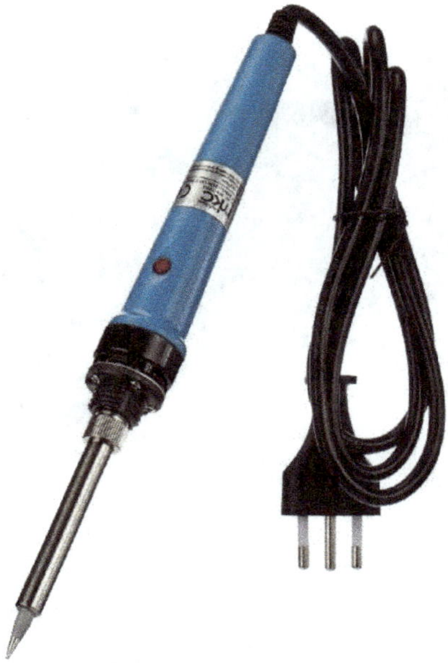

- **Guaina termorestringente e nastro autoagglomerante.**

- **Lubrificante elettrico (tipo CRC o WD-40 Specialist).**

- **Analizzatore di spettro portatile (l'utilizzo richiede una conoscenza professionale)**

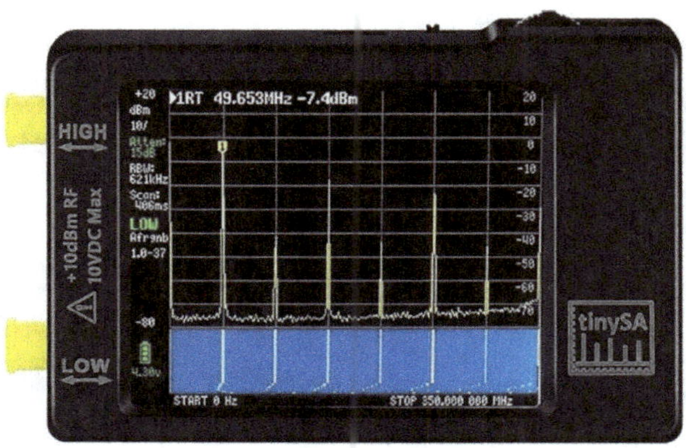